Marius Strobl

Normierung von Powerline Communication durch IEEE und ITU-T

GRIN Verlag

Bibliografische Information der Deutschen Nationalbibliothek:

Die Deutsche Bibliothek verzeichnet diese Publikation in der Deutschen National-
bibliografie; detaillierte bibliografische Daten sind im Internet über http://dnb.d-
nb.de/ abrufbar.

Impressum:

Copyright © 2012 GRIN Verlag GmbH
Druck und Bindung: Books on Demand GmbH, Norderstedt Germany
ISBN: 978-3-656-49752-3

Dieses Buch bei GRIN:

http://www.grin.com/de/e-book/232580/normierung-von-powerline-communication-
durch-ieee-und-itu-t

Normierung von Powerline Communication durch IEEE und ITU-T

Ausarbeitung zum Seminar

Breitbandige Zugangsnetztechnologien

am 3. und 4. Mai 2012 an der Hochschule Nürnberg

im Studiengang

Master Applied Research in Engineering Sciences

Vorgelegt von: Dipl.-Inf. (FH) Marius Strobl

Hochschule Regensburg

Regensburg, den 23. Juli 2012

Inhaltsverzeichnis

1 Einleitung

Bei Powerline Communication (PLC) oder auf Deutsch Trägerfrequenztechnik mit Trägerfrequenzanlagen (TFA) handelt es sich um eine allgemeine Bezeichnungen für die Mehrfachnutzung bestehender Telefon- beziehungsweise Stromnetze zur zusätzlichen Übertragung von Sprache oder Daten [1, S. 1]. Im Gegensatz dazu beschreibt zum Beispiel Power over Ethernet (POE) nach IEEE 802.3af-2003 [7] oder IEEE 802.3at-2009 [8], die umgekehrte Vorgehensweise, das heißt die Übertragung von Energie zusätzlich zu Ethernet-Kommunikation. Im Unterschied zu POE sind bei PLC aber weder Parameter des physikalischen Mediums oder der Energieübertragung noch die Modulation der Sprach- oder Datenkommunikation oder des dazu zu verwendenden Protokolls impliziert oder gar vorgegeben. Tatsächlich handelt es sich bei PLC um eine altbekannte Technik, die erstmals im Jahr 1838 vom Engländer Edward Davy zur entfernten Messung von Batterien verwendet wurde. Im Jahr 1897 meldete er schließlich das Britische Patent mit der Nummer 24833 zum Ablesen von Stromzählern über Stromleitungen an [1, S. 1]. Im weiteren Verlauf der Geschichte wurde PLC schließlich auch für die Übertragung von Drahtfunk[1], Telegraphie und Telefonie über bereits bestehende Infrastruktur verwendet [20].

Tatsächlich dauerte es aber bis in das Jahr 2010, um PLC vor allem für die Verwendung in intelligenten Stromnetzen[2] oder Smart Grids und Zugangsnetzen zu normieren. Das heißt für Dienste basierend auf dem Internet Protokoll (IP) wie Internet-Zugang, Internet Protocol Television (IPTV) oder Voice over IP (VoIP) vom Netzbetreiber zum Endkunden, sowie zur hausinternen Vernetzung als Local Area Network (LAN) einschließlich Heimautomation ist die Verwendung nun international vereinheitlicht [19]. Dies geschah jedoch jeweils getrennt durch das Institute of Electrical and Electronics Engineers (IEEE) und dem Telecommunication Standardization Sector der International Telecommunication Union (ITU-T) in verschiedenen Normen beziehungsweise Normenfamilien für jeweils die Bitübertragungs- (Physical Layer) und die Sicherungsschicht (Data Link Layer) nach dem ISO/OSI-Schichtenmodell gemäß ISO/IEC 7498-1:1994 [13]. Die PLC-Spezifikationen der jeweiligen Normierungsgremien sind sich zwar ähnlich und darauf basierende Geräte können innerhalb eines Stromnetzes koexistieren, sind jedoch auf funktionaler Ebene zueinander inkompatibel. Im Folgenden werden diese Normen respektive Normenfamilien vorgestellt.

---

[1]Rundfunk über mehrfach genutztes Telefon- oder Stromnetz.

[2]Stromnetze mit zur Optimierung und Überwachung kommunizierenden Erzeugern, Betriebsmitteln, Speichern und Verbrauchern [18, S. 11].

2 IEEE 1901

In der Norm IEEE 1901-2010 [11] ist sowohl die Bitübertragungs- als auch die Sicherungsschicht für PLC über Gleichspannungsnetze sowie 50-Hz- und 60-Hz-Wechselspannungsnetze spezifiziert. Der Fokus dieser Norm liegt dabei auf dem Einsatz von PLC für:

- hochbitratige Breitband-Zugangsnetze mit Datenraten größer 100 Megabit per Second (Mbps) unter Verwendung von Übertragungsfrequenzen bis 100 MHz,

- hochbitratige Breitband-Heimnetze mit Datenraten größer 100 Mbps unter Verwendung von Übertragungsfrequenzen bis 100 MHz, sowie

- niederbitratige Schmalband-Netze mit Datenraten im Bereich von mehreren 100 Kilobit per Second (kbps) unter Verwendung von Übertragungsfrequenzen bis 500 kHz.

Die niederbitratige Variante ist dabei einerseits für die Verwendung in Smart Grids, bei denen es in Europa auf die Einhaltung der Frequenzbereiche sowie der Grenzwerte für elektromagnetische Abstrahlungen nach der Norm CENELEC 50065-1:2011 [2] (beziehungsweise entsprechende Normen in anderen Regionen) ankommt, gedacht. Andererseits ist aber auch deren Einsatz in Fahrzeugen, wo die Limits der elektromagnetischen Abstrahlung der Norm CISPR 25:2008 [12] zu beachten sind, vorgesehen.

Besser bekannt sind die hochbitratigen Varianten durch die Zugangsnetzspezifikation HomePlug Access BPL (Broadband Power Line) sowie die Heimnetzspezifikationen HomePlug AV2 (Audio Video 2) und Green PHY (Physical Layer Transceiver) der HomePlug Alliance. Diese Spezifikationen sind in IEEE 1901-2010 eingeflossen, respektive kompatibel zu ihr. Entsprechende PLC-Chip-Sätze und -Endprodukte sind von diversen Herstellern verfügbar [4].

2.1 Bitübertragungsschicht

Für die Bitübertragungsschicht spezifiziert IEEE 1901-2010 zwei verschiedene Transceiver. Dabei handelt sich einerseits um einen aus der HomePlug-AV-Spezifikation übernommenen FFT (Fast Fourier Transform)- und zum anderen um einen Wavelet OFDM (Orthogonal Frequency-Division Multiplexing)-PHY. Die Unterschiede beim Einsatz dieser beiden PHY-Typen bestehen im Wesentlichen in sich daraus ergebenden Details für das eingesetzte Carrier Sense Multiple Access/Collision Avoidance (CSMA/CA)-Verfahren. Ferner folgen daraus eine unterschiedliche Anzahl an Zugangsprioritäten (vier beim FFT- und acht beim Wavelet-PHY) sowie das Fehlen eines Burst Mode beim Wavelet-PHY.

2.2 Sicherungsschicht

Der Zugriff auf das Übertragungsmedium erfolgt nach IEEE 1901-2010 auf Basis der in Abbildung 2.1 dargestellten Media Access Control (MAC)-Zyklen. Beim Einsatz von PLC mit Wechselspannungsnetzen können diese MAC-Zyklen auf die Netzfrequenz synchronisiert sein, müssen dies aber nicht. Diese Zyklen teilen sich in drei Bereiche auf. Der erste Bereich ist die sogenannte Beacon Region, in dem ein Beacon von dem als sogenannten Basic Service Set (BSS) Manager (BM) fungierenden Teilnehmer im PLC-Netz gesendet wird. Das übertragene Beacon enthält die Startzeiten der nächsten beiden Abschnitte, der Contention Period (CP) und der Contention Free Period (CP).

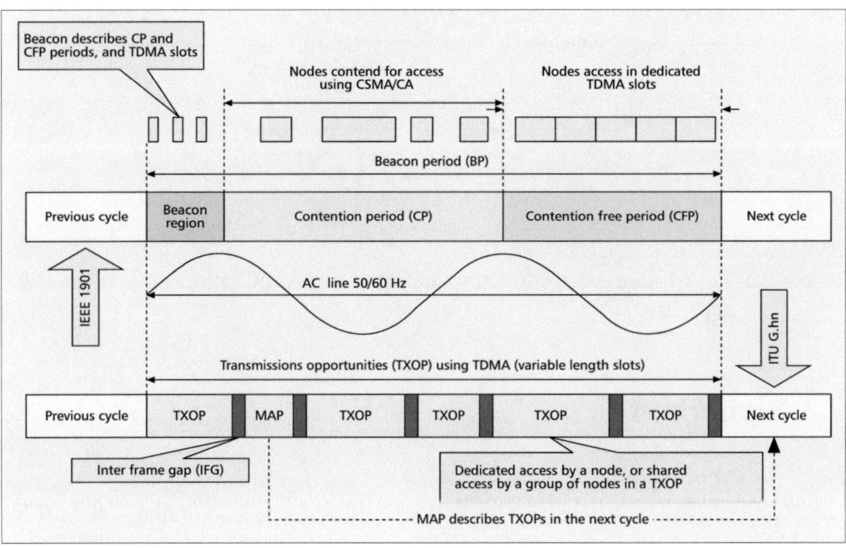

Abbildung 2.1: MAC-Zyklen von IEEE 1901-2010 und ITU-T G.hn [19]

Während der CP wird ein CSMA/CA-Zugriffsverfahren verwendet, bei dem die Teilnehmer am PLC-Netz um das Medium konkurrieren. Dieser Teil des MAC-Zyklus ist dementsprechend für den Austausch von nicht-priorisiertem Datenverkehr vorgesehen. Wie in Abschnitt 2.1 erwähnt, ist das Vorgehen der einzelnen Kommunikationspartner bei der Arbitrierung hierbei abhängig vom verwendeten PHY.

Im Gegensatz hierzu wird in der CFP ein dem Time Division Multiple Access (TDMA) ähnliches Zugriffsverfahren eingesetzt. Dementsprechend dient dieser Bereich der Übertragung von Datenverkehr mit Echtzeitanforderungen wie Audio-Video-Streaming oder VoIP. Vom BM werden hierzu feste Datenraten für die Datenübertragung zwischen bestimmten Kommunikationsteilnehmern zugewiesen. Des Weiteren werden hierbei für die Dienstgüte oder Quality of Service (QoS) je nach Applikationsklasse die in Tabelle 2.1 zu findenden Benutzerprioritäten verwendet.

User Priority	Application Class
7	Network Control — to maintain the network infrastructure.
6	"Voice" — less than 10 ms delay, and hence maximum jitter
5	"Video" or "Audio" — less than 100 ms delay.
4	Controlled Load —for bandwidth reservation per flow
3	Excellent Effort — important best effort
0	Best Effort — LAN traffic as we know it today
1,2	Background — bulk transfers and other activities that are permitted on the network, but that should not impact the use of the network by other users and applications.

Tabelle 2.1: Zuordnung von Benutzerprioritäten zu Applikationsklassen in IEEE 1901-2010 [19]

2.3 Sicherheit

Da es sich bei PLC um Kommunikation über ein geteiltes Medium handelt – bei dem Daten potentiell von Dritten abgehört oder verfälscht werden können –, sieht IEEE 1901-2010 den Einsatz des Security-Framework gemäß IEEE 802.1X-2010 [5] zusammen mit dem Cipherblock Chaining Message Protocol (CCMP) vor. Insgesamt ergibt sich hieraus ein Sicherheitskonzept ähnlich dem der aus dem Funknetzbereich bekannten Norm IEEE 802.11i-2004 [9].

3 ITU-T G.hn und G.hnem

Die von der ITU-T spezifizierten Heimnetznormen gliedern sich in zwei Familien, ITU-T G.hn (Home Network) und ITU-T G.hnem (Home Network Energy Management). Diese Familien teilen sich wiederum auf in jeweils eine Norm für die Bitübertragungs- und eine für die Sicherungsschicht.

3.1 ITU-T G.hn

Der Fokus von ITU-T G.hn liegt auf:

- hochbitratigen Breitband-Heimnetzen mit Datenraten bis 1 Gigabit per Second (Gbps) unter Verwendung von Übertragungsfrequenzen bis 50 MHz, 100 MHz oder 200 MHz über Koaxial- und Telefonverkabelung oder als PLC, sowie

- mittelbitratigen Breitband-Heimnetzen mit Datenraten bis 18 Mbps unter Verwendung von Übertragungsfrequenzen bis 25 MHz als PLC.

Im Unterschied zu IEEE 1901-2010 sieht ITU-T G.hn also keinen Einsatz in Breitband-Zugangsnetzen vor. Dafür sind für Breitband-Heimnetze nicht nur PLC über Stromnetze, sondern auch Koaxial- und Telefonverkabelungen als Übertragungsmedien spezifiziert. Im Fall von PLC ist mit ITU-T G.hn wiederum die Verwendung von Gleich- und Wechselspannungsnetzen möglich. Entsprechende Chip-Sätze und Endprodukte sind von diversen, im HomeGrid Forum [3] zusammengeschlossenen Herstellern verfügbar.

3.1.1 Bitübertragungsschicht

Die Bitübertragungsschicht für ITU-T G.hn ist in der Norm ITU-T G.9960:2010 [14] spezifiziert. Hierin ist für alle drei Medientypen die Verwendung eines FFT-OFDM-PHY – welcher grob dem entsprechenden PHY in IEEE 1901-2010 ähnelt – vorgesehen. Auch hier sind wieder vier Zugangsprioritäten und ein Burst Mode normiert.

Darüber hinaus ist in der Erweiterung ITU-T G.9963:2011 [16] ein Multiple Input/Multiple Output (MIMO) Transceiver für PLC spezifiziert. Mit dieser – aus der Funknetznorm IEEE 802.11n-2011 [10] bekannten – Technologie können Datenrate und

Reichweite gegenüber PLC mit nur einem PHY gesteigert werden. Im Wesentlichen arbeiten in Fall von PLC nach ITU-T G.hn hierzu drei FFT-OFDM-Transceiver parallel über den Außen-, Neutral- und Schutzleiter von Wechselspannungsnetzen.

3.1.2 Sicherungsschicht

Die Sicherungsschicht für ITU-T G.hn ist in der Norm ITU-T G.9961:2010 [15] spezifiziert. Wie in Abbildung 2.1 dargestellt, verläuft der MAC-Zyklus bei ITU-T G.hn in erster Näherung ähnlich dem in IEEE 1901-2010 normierten. Im Unterschied zu diesem ist er aber grundlegend TDMA-basiert und erfolgt daher auch nicht auf Basis eines Beacon eines BM, sonder wird durch einen Medium Access Plan (MAP) festgelegt. Dieser wird vom als sogenannten Domain Manager (DM) fungierenden Kommunikationsteilnehmer ein oder mehrmals pro MAC-Zyklus gesendet. Der MAP legt dabei die Transmission Opportunities (TXOPs) innerhalb des nächsten MAC-Zyklus fest.

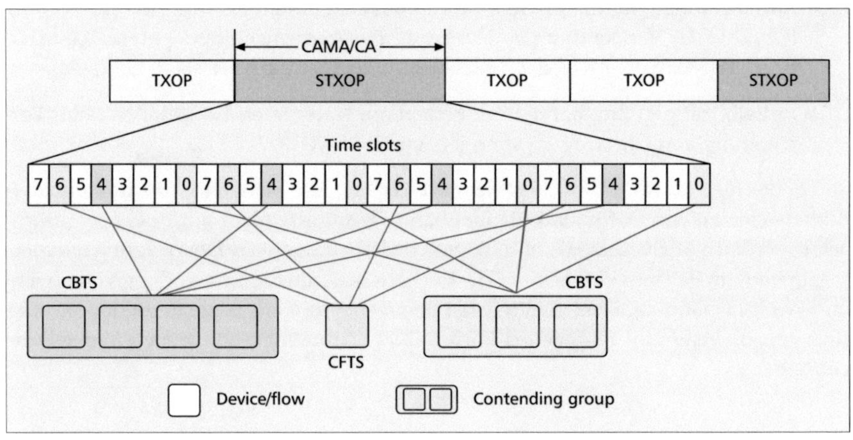

Abbildung 3.1: Datenkommunikation mit ITU-T G.hn STXOP [19]

Die TXOPs gliedern sich in folgende Varianten:

- Contention-Free Transmission Opportunities (CFTXOP) für den Datenaustausch zwischen zwei Kommunikationspartnern mit QoS-Anforderungen, und

- die in Abbildung 3.1 veranschaulichten Shared Transmission Opportunities (STXOP), die sich alle Kommunikationspartner im Netzwerk teilen und in Time Slots (TS) untergliedert sind, welche sich weiter aufteilen in:

- Contention-Free Time Slots (CFTS) für den kollisionsfreien Datenaustausch zwischen beliebigen Kommunikationspartner im Netzwerk, allerdings ohne QoS-Garantien, sowie

- Contention-Based Time Slots (CBTS), welche für einen Carrier Sense Multiple Access With Collision Avoidance and Resolution using Priorities (CSMA/CARP) verwendet wird. Hiermit ist IEEE 802.3-2008 [6] Ethernetähnlicher Datenaustausch zwischen Kommunikationspartner möglich, bei dem Kollisionen allerdings nicht gänzlich ausgeschlossen werden können.

3.2 ITU-T G.hnem

Analog zur niederbitratigen Schmalbandvariante von IEEE 1901-2010, spezifiziert die Normenfamilie ITU-T G.hnem eine Narrowband Powerline Communication (NB-PLC) Variante. ITU-T G.hnem verwendet hierzu ebenfalls Übertragungsfrequenzen bis 500 kHz, um Datenraten im Bereich von mehreren 100 kbps zu erreichen. Wiederum ist hierbei das Ziel, die Frequenzbereiche sowie die Grenzwerte für elektromagnetische Abstrahlung der Norm CENELEC 50065-1:2011 sowie entsprechende weitere Normen zur Datenkommunikation über Stromnetze einhalten zu können. Als Einsatzbereiche von ITU-T G.hnem sind unter anderem Heimautomatisierung, Ladekommunikation von Elektrofahrzeugen sowie Smart Grids angedacht.

Die Sicherungsschicht für ITU-T G.hnem ist in der Stand Juli 2012 noch nicht veröffentlichten Norm ITU-T G.9956 spezifiziert und beschreibt einen OFDM-PHY. In der zu diesem Zeitpunkt ebenfalls noch nicht öffentlich verfügbaren Norm ITU-T G.9955 ist die zugehörige Bitübertragungsschicht spezifiziert, welche ein CSMA/CA-Verfahren verwendet. Definitive Details zu diesen beiden Kommunikationsschichten von ITU-T G.hnem konnten daher nicht in Erfahrung gebracht werden.

3.3 Sicherheit

ITU-T G.hn und ITU-T G.hnem sehen eine Authentifizierung auf Basis des Diffie-Hellmann- und des Counter with Cipher Block-Chaining-Message Authentication Code (CCM) Algorithmus sowie eine Verschlüsselung an Hand des Advanced Encryption Standard (AES) unter Verwendung von 128-bit Schlüsseln vor. Insgesamt soll der Grad der Sicherheit von ITU-T G.hn und ITU-T G.hnem damit mindestens dem der Funknetznorm IEEE 802.11n-2011 entsprechen.

4 Zusammenfassung

Mit den Normen beziehungsweise Normenfamilien IEEE 1901-2010 sowie ITU-T G.hn und ITU-T G.hnem wurde PLC für die verschiedenen Anforderungen der Datenvernetzung im Heim- und Smart Grid Bereich normiert, wobei lediglich IEEE 1901-2011 auch die Verwendung für hochbitratige Breitband-Zugangsnetze vorsieht. Hierdurch kann sich der Markt zwar weg von diversen proprietären PLC-Lösungen hin zu Geräten, die mit normierten Technologien und Protokollen und somit herstellerübergreifend zusammenarbeiten, entwickeln. Leider existieren damit aber noch immer zwei konkurrierende Ansätze, die zwar innerhalb des selben Hausnetzes koexistieren können, jedoch nicht zueinander kompatibel sind was den Datenaustausch betrifft.

Doch selbst bei der Koexistenz dieser beiden PLC-Technologien gibt es noch Probleme. So wird zwar von beiden Normierungsgremien versucht, für die hochbitratige Breitband-Heimvernetzung ein gemeinsames Inter System Protocol (ISP) zu spezifizieren. Doch auch dies findet wieder getrennt voneinander statt. Zum einen ist diese Spezifikation in IEEE 1901-2010 enthalten, zum anderen wird sie durch ITU-T G.cx nach ITU-T G.9972:2010 [17] für ITU-T G.hn normiert. Für eine reibungslose Koexistenz der beiden PLC-Technologiefamilien fehlt es daher nach wie vor an einer gemeinsamen Norm, die alle Einsatzszenarien und ebenfalls auch die niederbitratige Schmalband-Vernetzung einschließt.

Quellenverzeichnis

[1] Carcelle X., Power Line Communications in Practice, Artech House, 2009

[2] CENELEC: EN 50065-1 (2011), Signalling on low-voltage electrical installations in the frequency range 3 kHz to 148,5 kHz – Part 1: General requirements, frequency bands and electromagnetic disturbances

[3] HomeGrid Forum Website, http://www.homegridforum.org/, Zugriff am 21. Juli 2012

[4] HomePlug Alliance Website, http://www.homeplug.org/, Zugriff am 20. Juli 2012

[5] IEEE Computer Society (2010): IEEE 802.1X, IEEE Standard for Local and metropolitan area networks – Port-Based Network Access Control

[6] IEEE Computer Society (2008): IEEE 802.3, IEEE Standard for Information technology – Telecommunications and information exchange between systems – Local and metropolitan area networks – Specific requirements, Part 3: Carrier sense multiple access with Collision Detection (CSMA/CD) Access Method and Physical Layer Specifications

[7] IEEE Computer Society (2003): IEEE 802.3af, IEEE Standard for Information technology – Telecommunications and information exchange between systems – Local and metropolitan area networks – Specific requirements, Part 3: Carrier sense multiple access with Collision Detection (CSMA/CD) Access Method and Physical Layer Specifications, Amendment: Data Terminal Equipment (DTE) Power via Media Dependent Interface (MDI)

[8] IEEE Computer Society (2009): IEEE 802.3at, IEEE Standard for Information technology – Telecommunications and information exchange between systems – Local and metropolitan area networks – Specific requirements, Part 3: Carrier sense multiple access with Collision Detection (CSMA/CD) Access Method and Physical Layer Specifications, Amendment 3: Data Terminal Equipment (DTE) Power via Media Dependent Interface (MDI)

[9] IEEE Computer Society (2004): IEEE 802.11i, IEEE Standard for Information Technology – Telecommunications and Information Exchange Between Systems – Local and Metropolitan Area Networks – Specific Requirements, Part 11: Wireless LAN Medium Access Control (MAC) and Physical Layer (PHY) Specifications, Amendment 6: Medium Access Control (MAC) Security Enhancements

[10] IEEE Computer Society (2011): IEEE 802.11n, IEEE Standard for Information Technology – Telecommunications and Information Exchange Between Systems – Local and Metropolitan Area Networks – Specific Requirements, Part 11: Wireless LAN Medium Access Control (MAC) and Physical Layer (PHY) Specifications

[11] IEEE Communications Society (2010): IEEE 1901, IEEE Standard for Broadband over Power Line Networks: Medium Access Control and Physical Layer Specifications

[12] International Electrotechnical Commission (2008): CISPR 25, International Special Committee on Radio Interference, Vehicles, boats and internal combustion engines, Radio disturbance characteristics, Limits and methods of measurement for the protection of on-board receivers

[13] International Standards Organization (1994): ISO/IEC 7498-1, Information technology – Open Systems Interconnection – Basic Reference Model: The Basic Model

[14] International Telecommunication Union (2010): ITU-T G.9960, Telecommunication Standardization Sector, Series G: Transmission systems and media, digital systems and networks, Access networks – In premises networks, Unified high-speed wire-line based home networking transceivers – System architecture and physical layer specification

[15] International Telecommunication Union (2010): ITU-T G.9961, Telecommunication Standardization Sector, Series G: Transmission systems and media, digital systems and networks, Access networks – In premises networks, Unified high-speed wire-line based home networking transceivers – Data link layer specification

[16] International Telecommunication Union (2011): ITU-T G.9963, Telecommunication Standardization Sector, Series G: Transmission systems and media, digital systems and networks, Access networks – In premises networks, Unified high-speed wireline-based home networking transceivers – Multiple input/multiple output specification

[17] International Telecommunication Union (2010): ITU-T G.9972, Telecommunication Standardization Sector, Series G: Transmission systems and media, digital systems and networks, Access networks – In premises networks, Coexistence mechanism for wireline home networking transceivers

[18] Knab S., Strunz K., Lehmann H., Smart Grid: The Central Nervous System for Power Supply – New Paradigms, New Challenges, New Services –, Universitätsverlag der TU Berlin, März 2010, `http://opus.kobv.de/tuberlin/volltexte/2010/2565/`, Zugriff am 20. Juli 2012

[19] Rahman M., Seon Hong C., Lee S., Lee J., Razzaque A., Hyuk Kim J., Medium Access Control for Power Line Communications: An Overview of the IEEE 1901 and ITU-T G.hn Standards, IEEE Communications Magazine, Volume: 49, Issue: 6, S. 183 – 191, Juni 2011

[20] Schwartz, M., Carrier-Wave Telephony over Power Lines: Early History, Proc. IEEE Conference on the History of Electric Power, S. 244 – 254, August 2007

Abkürzungsverzeichnis

AES	Advanced Encryption Standard
AV2	Audio Video 2
BM	Basic Service Set Manager
BPL	Broadband Power Line
BSS	Basic Service Set
CBTS	Contention-Based Time Slot
CCM	Counter with Cipher Block-Chaining-Message Authentication Code
CCMP	Cipherblock Chaining Message Protocol
CENELEC	Comité Européen de Normalisation Électrotechnique
CFP	Contention Free Period
CFTS	Contention-Free Time Slot
CISPR	Comité International Spécial des Perturbations Radioélectriques
CP	Contention Period
CSMA/CA	Carrier Sense Multiple Access/Collision Avoidance
CSMA/CARP	Carrier Sense Multiple Access/Collision Avoidance and Resolution using Priorities
CTXOP	Contention-Free Transmission Opportunity
DM	Domain Manager
FFT	Fast Fourier Transform
Gbps	Gigabit per Second

IEEE	Institute of Electrical and Electronics Engineers
IP	Internet Protocol
IPTV	Internet Protocol Television
ISO	International Standards Organization
ISP	Inter System Protocol
ITU-T	International Telecommunication Union Telecommunication Standardization Sector
kbps	Kilobit per Second
LAN	Local Area Network
MAC	Media Access Control
MAP	Medium Access Plan
Mbps	Megabit per Second
MIMO	Multiple Input/Multiple Output
NB-PLC	Narrowband Powerline Communication
OFDM	Orthogonal Frequency-Division Multiplexing
OSI	Open Systems Interconnection
PHY	Physical Layer Transceiver
PLC	Powerline Communication
POE	Power over Ethernet
QoS	Quality of Service
STXOP	Shared Transmission Opportunities
TDMA	Time Division Multiple Access

TFA	Trägerfrequenzanlage
TS	Time Slot
TXOP	Transmission Opportunity
VoIP	Voice over IP